Émile Blanchard

I0478360

Les Animaux disparus depuis les âges historiques

Le savoir
en poche

Émile Blanchard

Les Animaux disparus depuis les âges historiques

Le savoir
en poche

Table de Matières

Introduction

Tous les êtres, se trouvant exposés à des périls plus ou moins nombreux, sont en lutte perpétuelle pour défendre leur vie. Ils ont à redouter les intempéries des saisons, ils peuvent succomber, si les aliments ne se rencontrent pas en quantité suffisante ; des herbivores deviennent fatalement la proie des carnassiers, et quand aucune victime ne semble nécessaire, des combats meurtriers s'engagent pour l'occupation d'une place ou la conquête d'un butin. La destruction est une loi de la nature, mais cette destruction demeure contenue dans certaines bornes ; à côté des hasards qui sans cesse menacent l'existence de chaque créature, tout est mis en œuvre pour assurer la perpétuité des espèces. L'instinct de la conservation, qui pousse impérieusement les individus à fuir le danger et à rechercher la satisfaction des besoins matériels, permet à beaucoup d'échapper aux accidents. Si les causes de mort violente varient dans les plus larges limites entre les espèces animales, elles sont toujours en rapport avec des causes protectrices. La fécondité, restreinte chez les êtres puissants, encore mesurée chez ceux qui ont à craindre les atteintes des plus forts, est prodigieuse chez les faibles, qui sont condamnés à offrir une foule de victimes. Ainsi la disparition complète d'une espèce n'est possible qu'avec des conditions tout à fait exceptionnelles. En général, l'espèce détruite sur un point continue à se propager sur un autre ; abondante à une époque, elle est rare dans un autre temps, si les circonstances ont été défavorables. Cependant elle n'a pas cessé d'être représentée en quelque coin du monde. A cet égard, la certitude est acquise par des observations précises et très multipliées. Depuis le jour où les derniers grands phénomènes physiques ont été accomplis à la surface de la terre, peu d'animaux ont disparu. Quelques grandes espèces seules ont été anéanties, et l'homme est l'unique auteur de cet anéantissement regrettable. On a pensé que les espèces, comme les individus, étaient destinées à périr. Il serait difficile de se former une autre opinion en considérant les débris des êtres qui ont vécu aux différentes périodes géologiques ; mais, si on examine le monde actuel, on est conduit à n'admettre cette croyance que dans l'hypothèse de nouvelles perturbations venant à se produire sur notre globe.

Émile Blanchard

Section I

Lorsque l'Europe centrale, presque entièrement abandonnée à la nature, était couverte d'immenses forêts, et que les habitants étaient clair-semés, les animaux trouvaient peu d'obstacles à leur propagation. Les grandes espèces, bien rares de nos jours, étaient communes dans une foule de localités. Les aurochs, les bœufs sauvages, les élans, les cerfs, erraient en troupes nombreuses, n'ayant à redouter que les espèces carnassières, et particulièrement les ours et les loups. Les hommes en se multipliant changèrent l'état du pays ; ils pourchassèrent les animaux, et quelques-unes des espèces les plus remarquables, pouvant être facilement atteintes, disparurent bientôt. L'aveugle cupidité et l'amour de la destruction qui anime les gens peu cultivés ont causé la perte d'animaux capables de fournir de précieuses ressources.

Malgré tout, le nombre des mammifères complètement anéantis depuis les derniers changements considérables survenus dans les climats de l'Europe est peu considérable. Il est démontré aujourd'hui que l'homme existait déjà pendant l'époque où les éléphants vêtus d'une épaisse toison (*Elephas primigenins*), où les rhinocéros, l'ours et l'hyène des cavernes vivaient dans nos contrées, où les rennes étaient abondamment répandus sur notre sol. Des milliers d'ossements recueillis à côté d'une infinité d'objets façonnés en ont fourni des preuves irrécusables ; mais la disparition des éléphants et celle de plusieurs autres espèces doivent être attribuées surtout à des causes physiques, et nous n'avons pas à nous en occuper en ce moment, même quand il s'agit d'une destruction partielle. En effet, divers animaux, éteints dans certaines parties du monde sous l'influence des circonstances atmosphériques, ont continué à vivre dans des régions soumises au climat qui leur convenait. Le renne, dont la distribution géographique était immense durant la période glaciaire, en est l'exemple le plus frappant.

Un très grand mammifère dont l'existence n'est révélée par aucune tradition doit cependant avoir été détruit par l'homme : c'est le cerf à bois gigantesque (*Cervus megaceros*), nommé aussi l'élan fossile d'Irlande, un animal de la taille de l'élan ordinaire avec la forme générale du cerf et des bois énormes offrant une envergure de plus de 3 mètres. Des débris de ce magnifique cerf ont été trouvés dans des terrains meubles de la France, de l'Angleterre, de l'Italie, de l'Allemagne, de la Pologne. Néanmoins c'est principalement en Irlande qu'on rencontre les restes de ce bel animal, sous des lits de tourbe dont la formation, suivant toute probabilité, ne remonte pas à une époque très reculée. Par suite de cette circonstance, les naturalistes sont disposés à croire que le cerf à bois gigantesque a dû vivre bien longtemps après l'extinction des grands pachydermes. Dans ces dernières années, on a découvert des ossements de cette espèce en si grande quantité, que des squelettes entiers ont pu être reconstruits.

Si l'existence de l'élan d'Irlande est déjà trop ancienne pour avoir été l'objet d'une mention historique, il n'en est pas ainsi du grand bœuf sauvage d'Europe, le *Bos primigenius* des naturalistes, un animal dont les dimensions dépassaient d'un tiers celles de nos bœufs domestiques. Ce ruminant a laissé des débris en abondance dans le fond des cours d'eau, dans les alluvions, dans les tourbières, dans les cavernes. Comme le bison, qui a survécu, il habitait encore les forêts de l'Europe centrale, il y a moins d'un Müller d'années. Le fait est attesté par les écrits des vieux auteurs. César n'a pas connu le bison, mais il a décrit en traits saisissants les bœufs sauvages de la forêt hercynienne, qu'on appelle du nom d'*Urus*. « Ils ont, dit le conquérant romain, une taille peu inférieure à celle des éléphants ; par l'aspect, par la couleur, par les formes, ils ressemblent au taureau. Rapides à la course et doués d'une grande force, ils n'épargnent ni les hommes ni les bêtes qu'ils aperçoivent. On les prend dans des fosses préparées avec art. Les jeunes gens s'endurcissent à la fatigue en s'exerçant à la chasse de ces animaux. Ceux qui en tuent plusieurs, comme en rendent témoignage les cornes apportées en public, reçoivent de grands éloges. Les *Urus* ne peuvent être ni adoucis ni accoutumés à la vue de l'homme, même quand on les a pris tout jeunes. Les cornes de ces animaux diffèrent beaucoup de celles de nos bœufs par l'ampleur, la forme et l'aspect. Elles sont très recherchées des habitants, qui les entourent sur le bord d'un cercle d'argent et s'en servent comme de coupes dans les grands festins. »

Les deux espèces bovines de la vieille Europe sont clairement désignées dans des vers de Sénèque : les bœufs sauvages aux larges cornes (*Uri*) et les bisons au dos velu. Pline fait la même distinction entre les bœufs sauvages de la Germanie : les bisons qui ont une crinière et les *Urus*, remarquables parleur force et leur vélocité, auxquels le vulgaire donne improprement le nom de bubales. Ce nom appartient en effet au buffle (*Bos bubalus*), animal originaire de l'Asie et déjà bien connu des Grecs ; mais on le trouve généralement employé au moyen âge pour désigner l'*urus* de César. L'espèce n'avait pas disparu des forêts des Vosges et des Ardennes pendant les premiers siècles de la monarchie française, car Grégoire de Tours rapporte que, sur l'ordre du roi Gontran, un chambellan, son neveu et un garde-chasse furent mis à mort pour avoir tué un bubale dans une forêt royale située dans les Vosges. De son côté, Venance Fortunat le poète, le protégé de Sigebert, roi d'Austrasie, et plus tard de la reine Radegonde, femme de Clotaire, l'évêque de Poitiers en 599, cite dans ses vers le bubale au nombre des animaux que chassait dans les Ardennes et les Vosges Gogon, le premier maire du palais d'Austrasie dont l'histoire ait gardé le souvenir. La présence simultanée dans les forêts de l'Europe centrale des deux ruminants cités par les auteurs latins est attestée de nouveau par un passage du célèbre poème des *Niebelungen*. C'est la description d'une chasse magnifique : les Burgondes occupent les bords du Rhin, et leur roi Gunther conduit Siegfried le Fort, le héros du poème, dans la forêt d'Odenwald, peuplée d'ours, d'élans, de sangliers, de cerfs et de bœufs. Siegfried se distingue parmi tous ses compagnons en tuant un grand nombre de bêtes sauvages et entre autres un *bison* et quatre *urus*. D'après Eckhart, le savant bénédictin, le grand bœuf ou bubale existait encore dans la forêt hercynienne au temps de Charlemagne, et certainement en quelques parties de l'Helvétie. Sur ce dernier point, la preuve est fournie par l'énumération des mets en usage chez les bons moines de Saint-Gall ; l'*urus* ou bubale et le bison figurent à la fois dans cette liste.

Ainsi aucun doute n'est possible ; deux espèces bovines sauvages vivaient en Europe jusqu'au XIe siècle ; mais à partir de cette époque il n'est plus question du bœuf aux larges cornes, de l'*urus* de César, du bubale des gens ignorants. Le silence absolu de tous les auteurs montre que la destruction de l'espèce a été complète. Un des plus beaux animaux du monde était anéanti.

Lorsque les naturalistes commencèrent à rechercher les débris des êtres appartenant aux anciennes périodes géologiques, on ne tarda pas à exhumer des ossements d'un bœuf énorme qui surprenait par la dimension des noyaux de ses cornes. Des têtes entières et différentes parties du squelette furent trouvées dans des rivières, des marais, des tourbières du nord et de l'est de la France, en Angleterre, en Allemagne et en Italie. Après un sérieux examen, Cuvier n'hésita pas à reconnaître dans ces ossements les restes de l'*urus* des anciens ; le fait était rendu certain par la comparaison des textes et par l'étude des caractères ostéologiques. Seulement l'illustre zoologiste, considérant comme la souche de notre espèce domestique le grand bœuf sauvage que César avait signalé, que les contemporains de Charlemagne avaient chassé, tomba dans une erreur, aujourd'hui pleinement reconnue. Nos bœufs sont venus de l'Asie ; malgré les conditions les plus favorables au développement du corps, ils conservent une taille très inférieure à celle de l'espèce sauvage, ils s'en distinguent à plusieurs signes et notamment à la direction des cornes. Se multipliant en liberté depuis trois siècles, dans les pampas de l'Amérique du Sud, ils ne manifestent aucune tendance à prendre les proportions ni les autres caractères de l'*urus*, qui n'a du reste jamais été soumis au joug de l'homme.

Postérieurement aux écrits de Cuvier, un professeur de Wilna, Bojanus, s'était procuré le squelette presque complet du grand bœuf des anciennes forêts de la Gaule et de la Germanie, et, croyant l'espèce fossile, il l'appela du nom, aujourd'hui généralement en usage, de *bos primigenius*. Dans les dernières années qui viennent de s'écouler, d'heureuses découvertes donnèrent bientôt l'espérance de parvenir à recomposer l'histoire de l'humanité antérieure aux temps historiques à l'aide des matériaux enfouis. Des recherches exécutées avec une extrême ardeur ont procuré une infinité d'objets qui ont jeté une lumière toute nouvelle sur la vie de l'homme et des animaux à l'époque dite préhistorique. Des restes du *bos primigenius* ont été recueillis en nombre immense dans des grottes, des dépôts de sable, des alluvions ; on en a tiré des habitations lacustres du lac de Constance, où quelques os avaient été travaillés et convertis en instrumens. Tout se trouve de la sorte bien éclairci au sujet du bœuf sauvage aux larges cornes. Le *bos primigenius* n'est autre que l'*urus* de César, de Sénèque et de Pline, le *bubalus* de Fortunat et de Grégoire de Tours, une espèce contemporaine des grands pachydermes et des grands carnassiers disparus longtemps avant l'époque historique, qui a continué de vivre au milieu des forêts de l'Europe centrale, pour être totalement exterminée par les hommes, il y a seulement huit ou dix siècles.

Le bison des anciens, qu'on appelle aujourd'hui l'aurochs, n'est pas tout à fait détruit, bien que sa disparition entière menace d'être prochaine. Il existe encore à l'état d'échantillon zoologique. On a pu le voir récemment dans quelques ménageries. Autrefois il était répandu dans la plus grande partie de l'Europe ; mais dès les temps historiques on ne le rencontrait plus que dans certaines régions. Sous le nom de *bonase*, Aristote le cite comme un animal de la Pœonie, c'est-à-dire de la partie de la Thrace qui est maintenant la Bulgarie, et il en donne une description assez exacte. Ce qui frappe surtout l'auteur grec chez le bonase, c'est le corps plus massif que celui du bœuf ordinaire, c'est la crinière garnissant la nuque jusqu'aux épaules et retombant sur les yeux, c'est le poil laineux, d'un gris roux sur les parties inférieures. Autant de signes qui conviennent exclusivement au bison. Oppien et Pausanias, comme Sénèque et Pline, parlent du bison, si reconnaissable à son épaisse encolure, à son front bombé, à son dos velu, à ses hautes jambes. On a pensé que l'aurochs avait déjà disparu de la Gaule à l'époque de l'invasion romaine, parce que César n'en fait aucune mention. La preuve est insuffisante, et il n'est pas douteux que le bison existait encore après plusieurs siècles avec le grand bœuf sauvage, au moins dans les Vosges et les Ardennes aussi bien qu'en Helvétie. Il paraît avoir persisté beaucoup plus tard dans la fameuse forêt hercynienne, qui s'étendait du Rhin au Danube ; mais, depuis un temps qu'on ne saurait fixer avec exactitude, il n'habite plus que les parties orientales de l'Europe. De nos jours, il en reste seulement quelques couples en Lithuanie, dans la forêt de Bialovicza et au Caucase. Dans cette dernière contrée, l'aurochs est bien rare à présent, suivant toute apparence, car le professeur Brandt de Saint-Pétersbourg, le savant qui a le mieux étudié les mammifères de la Russie, craignait que la disparition de ce beau ruminant ne fût complète ; il a été informé qu'on le voyait encore dans une localité du nom de Rudeln. Plus récemment nous avons reçu l'avis qu'on en connaissait un petit troupeau d'une cinquantaine d'individus près le bourg d'Atzikhar, sur le Haut-Ouroup. Il n'en resterait plus un seul ni en Lithuanie ni au Caucase, si la loi russe ne défendait, sous peine de mort, de prendre ou de tuer un aurochs sans la volonté du tsar.

L'élan, le cerf, le chamois, le bouquetin, appartiennent encore à la faune européenne ; mais si l'on ne prend aucune mesure pour arrêter la destruction de ces mammifères, peu de siècles s'écouleront avant un anéantissement complet. Toutes les personnes qui visitent un musée d'histoire naturelle éprouvent quelque surprise à la vue de l'élan, espèce de cerf de taille énorme. Une forme lourde, de hautes jambes, un museau renflé, un cou extrêmement court, une crinière sur le garrot, un fanon garni de barbe sous la gorge, donnent à l'animal une singularité qui est augmentée chez le mâle par une immense ramure aplatie et dentelée sur les bords extérieurs. L'élan habite les forêts marécageuses des parties septentrionales de l'Europe et de l'Amérique ; on le voit encore, assure-t-on, sur quelques points de l'Allemagne orientale, et on le rencontre surtout en Lithuanie, en Suède et en Norvège, au nord de la Russie, en Sibérie et dans la Tartarie. Autrefois il était répandu dans toute la Germanie, ainsi que le prouvent les chasses du moyen âge dont le récit a été conservé. Pour les auteurs du XVIIe et du XVIIIe siècle, l'élan demeure une espèce assez fréquente en Pologne et en Suède ; pour les modernes, elle est une rareté. Devenue déjà peu commune en Europe, il y a moins d'une centaine d'années, elle restait fort abondante à cette époque au nord des États-Unis d'Amérique ; mais chaque hiver la chasse s'est faite avec plus d'âpreté, et le bel animal a cessé d'être une ressource pour la vie des habitants.

Dans les premiers temps, notre cerf d'Europe errait partout en troupes sous les grands bois, et maintenant il n'existe plus guère en France ailleurs que dans des forêts particulièrement bien gardées, où l'on peut compter les individus. Chacun a entendu des chasseurs émérites répéter en parlant des cerfs : Bientôt il n'y en aura plus. Les petits ruminants, qui se plaisent sur les escarpements des plus hautes montagnes, au voisinage des glaciers, ne sont pas épargnés. La destruction du chamois et du bouquetin s'accomplit avec une désolante rapidité, et cette destruction, on l'effectue sans autre objet que l'envie d'offrir une preuve de son adresse. Le montagnard est fier d'avoir tué un chamois, et s'il en a tué beaucoup, il s'imagine être un personnage digne d'admiration. Allez en Suisse, on vous montrera en cent endroits une partie de la montagne où l'on voyait naguère des troupeaux de chamois, et vous entendrez affirmer d'une manière presque invariable qu'à présent il en reste bien peu, ou qu'il n'en reste plus. Allez aux Pyrénées ; dans cette région, le chamois s'appelle l'isar, on vous dira que l'isar est maintenant d'une extrême rareté. Le chamois, l'unique représentant européen du groupe des antilopes, se trouvant disséminé sur toutes les grandes montagnes de l'Europe, résistera sans doute longtemps aux poursuites incessantes des chasseurs ; mais le joli bouquetin des Alpes, autrefois très répandu, n'existe déjà plus que dans une partie fort restreinte des Alpes piémontaises et peut-être dans quelque coin du Mont-Blanc. Chamois et bouquetin, animaux agiles des régions du plus difficile accès, prompts à fuir sous l'impression du danger, échappaient souvent aux coups des chasseurs quand les armes ne portaient point à longue distance ; les armes de précision sont devenues le fléau des bêtes alpines.

Ainsi, depuis les temps historiques, le *bos primigenius*, l'énorme bœuf aux larges cornes de la Gaule et de la Germanie, a été exterminé. Le bison, le plus grand des mammifères de l'Europe actuelle, est sur le point de disparaître. Les autres ruminants sauvages sont menacés d'une destruction plus ou moins prochaine, et les autorités locales de chaque pays comprennent à peine la nécessité de mettre un terme à un mal déplorable qui sera bientôt sans remède.

L'histoire du castor est trop connue pour être ici longuement reproduite. Mammifère intéressant au plus haut degré par ses mœurs, précieux à cause des produits qu'il fournissait à l'industrie et au commerce, le castor, le plus gros de nos rongeurs, était abondant dans toute la France et dans une grande partie de l'Europe jusque dans le moyen âge. De nos jours, son existence est presque problématique. Depuis plusieurs siècles, on ne l'a vu que sur les rives du Rhône ou sur les bords de quelque affluent du grand fleuve, et les rares individus observés dans leur solitude, loin d'être l'objet d'une protection spéciale, ont toujours été massacrés. Récemment, paraît-il, une petite famille de castors fut découverte dans une île du Rhône ; c'était une bonne fortune, c'était l'espérance de voir renaître dans le pays une espèce à peu près éteinte. Tout a été détruit sans pitié ; une pareille ineptie est possible chez un peuple civilisé où les coupables n'ont pas-même conscience de leur méfait. Actuellement les castors ne sont guère plus communs dans les autres parties de l'Europe qu'ils ne le sont en France, et partout leurs os, enfouis dans la vase et dans les tourbières, restent les témoins de ces sociétés qui étaient une merveille de la vie animale. Au Canada, des castors presque semblables à ceux de l'Europe étaient encore fort répandus à une époque peu ancienne ; ils sont également devenus fort rares. La destruction s'est opérée avec une rapidité extrême par suite de l'avidité des grandes compagnies qui s'étaient formées au siècle dernier dans l'Amérique du Nord pour le commerce des pelleteries.

La destruction poursuivie d'une manière insensée n'a pas atteint seulement les mammifères terrestres, elle a été portée avec plus de fureur encore sur les espèces marines. Les grands animaux de la mer étaient la source d'une industrie active, d'un commerce considérable ; l'égoïsme, l'amour du lucre, qui font oublier l'avenir pour le moment présent, ont tari la source. Les baleines donnaient lieu aux pêches les plus fructueuses il y a moins d'un siècle, et ces énormes cétacés sont maintenant d'une telle rareté, que la pêche est abandonnée par la plupart des peuples qui s'y livraient autrefois avec profit. On ne se contentait pas de s'emparer des vieux individus, les jeunes sujets d'une valeur insignifiante étaient pris par les baleiniers aussi bien que les adultes. La satisfaction de ne pas laisser à d'autres la possibilité de faire une bonne capture deux ou trois ans plus tard était trop forte pour qu'on songeât que la fortune s'épuiserait bientôt pour tous les pêcheurs de baleines.

La rytina, un cétacé herbivore du groupe des lamantins et des dugongs que les habitants des côtes appellent des *vaches marines*, était commune dans les parages des îles de Bering il y a quelques centaines d'années. L'animal, qui atteignait une taille d'environ cinq mètres, offrait de grandes ressources aux peuples du nord et surtout aux Esquimaux ; la chair fournissait un aliment très acceptable, la peau servait à confectionner des embarcations. La chasse à la rytina s'est effectuée sans relâche, sans le moindre ménagement, et le précieux cétacé a été totalement détruit ; le dernier individu vivant a été pris en 1768.

Les rytines, couvertes d'une peau nue, rugueuse comme l'écorce d'un chêne et de couleur noire, avaient une moustache dont les poils égalaient en grosseur le tuyau d'une plume de pigeon. Ces animaux inoffensifs se plaisaient en troupes, les jeunes confondus avec les adultes, et souvent on voyait un mâle et une femelle cheminer ensemble, accompagnés de leurs petits. Les rytines se tenaient en général dans les endroits sablonneux très peu profonds, et surtout dans le voisinage des rivières. Elles se nourrissaient de différentes plantes marines, affectant néanmoins une prédilection pour une espèce particulière de fucus. On observait fréquemment ces animaux qui broutaient en nageant avec lenteur ou en se traînant sur le fond, un pied après l'autre, comme des bœufs au pâturage. Une fois bien repus, ils venaient au rivage se coucher sur le dos. Parfois pendant l'hiver des rytines se trouvaient emprisonnées sous la glace, et, faute de pouvoir respirer, elles mouraient, et plus tard les corps étaient rejetés sur la côte. Ceci explique comment il a été facile de recueillir, même de nos jours, un grand nombre d'os du cétacé herbivore de Bering. Tout ce que nous savons de l'histoire de cet animal nous a été transmis par un mémoire du médecin-naturaliste Steller, publié en 1751. Steller avait accompagné le commandeur Bering dans son voyage au nord-ouest de l'Amérique. Après le naufrage du navire, suivi de la mort du chef de l'expédition et de la plupart des hommes de l'équipage, il était resté sur les îles auxquelles a été attribué le nom du navigateur russe, jusqu'au moment où les marins échappés au désastre eurent construit avec les débris du vaisseau une embarcation qui permit de gagner le Kamtschatka. Dans ces derniers temps, les zoologistes russes ont fait toutes les tentatives imaginables pour retrouver la rytine de Steller ; mais les plus laborieuses recherches ont été vaines. On a simplement réussi à se procurer des os de l'animal, et en 1861 les savants de Saint-Pétersbourg, de Moscou, d'Helsingfors, ont eu la joie de recevoir des squelettes presque complets qui étaient adressés par le gouverneur des possessions russes de l'Amérique, ce qui a donné lieu de la part de MM. Brandt et Nordmann à d'importantes études sur l'ostéologie du remarquable cétacé.

Section II

Les oiseaux ont éprouvé des pertes bien autrement considérables que les mammifères ; différentes espèces remarquables au plus haut degré par de grandes proportions ou par des caractères de conformation en quelque, sorte exceptionnels ont complètement disparu. Pour les unes, le fait est certain ; pour les autres, il est fort à présumer. Incapables de voler et confinés dans des îles, ces oiseaux ne pouvaient se soustraire aux atteintes des hommes ; les hommes les ont exterminés.

Lorsque, dans les premières années du XVIe siècle, Pedro de Mascarenhas découvrit les îles de l'Océan indien, appelées du nom du navigateur portugais les *îles Mascareignes*, Maurice, Rodriguez, Bourbon, autrefois Sainte-Appollonia et maintenant l'île de la Réunion, ces terres, couvertes d'une riche végétation, étaient peuplées de nombreux oiseaux. A côté d'espèces appartenant à des groupes représentés dans d'autres parties du monde, comme des perroquets, des moineaux, des pigeons, des canards, vivaient certaines espèces qui excitaient l'étonnement des navigateurs par un aspect vraiment insolite. C'était le dronte ou dodo, c'était le solitaire, qui ont été de la part d'auteurs modernes le sujet d'une foule d'écrits. Longtemps les naturalistes conservèrent l'espérance de retrouver sur quelque point du globe ces créatures étranges qui n'avaient de parenté étroite avec aucune autre créature ; mais les plus actives recherches ont été infructueuses, toute espérance dut être abandonnée. Bien des efforts furent tentés pour reconstruire d'une manière scientifique, à l'aide de quelques débris et de quelques images imparfaites, les curieux oiseaux anéantis sans amener d'abord de résultats bien satisfaisants. Depuis peu, des ossements de ces espèces éteintes, recueillis en assez grande quantité soit à Rodriguez, soit dans un marais de l'île Maurice, ont permis d'acquérir des notions plus certaines.

Le dronte avait une taille supérieure à celle du cygne et un aspect des plus extraordinaires. C'était un corps tout massif porté sur de grosses pattes courtes semblables à des piliers, un cou goitreux, une tête ronde garnie d'un bord de plumes avancé sur le front à la manière d'un capuchon, de gros yeux noirs cerclés de blanc, et un bec énorme dont les deux mandibules, renflées vers ; le bout et terminées en pointe en sens contraire, ont été comparées à deux cuillers s'appliquant l'une contre l'autre par la face concave. Le dronte avait des ailes ; seulement ces ailes, toutes petites, véritables rudiments, n'étaient capables d'aucun usage ; il avait une queue, mais cette queue était réduite à une sorte de houppe composée de quatre ou cinq plumes crépues. Enfin il avait un plumage soyeux, de couleur grise, plus claire sur les parties inférieures que sur le dos, et nuancée de jaune aux ailes et à la queue. L'animal, absolument disgracieux, lourd, d'une physionomie stupide, inspirait la répugnance. Buffon, qui en parla, comme nous-même, d'après des descriptions et des figures données par d'anciens observateurs, trouve qu'on le prendrait pour une tortue qui se serait affublée de la dépouille d'un oiseau.

Les premiers renseignements sur les productions naturelles de l'île Maurice nous viennent d'un voyage accompli par les Hollandais en 1598. Cornélius van Neck, le chef de l'expédition, trouvant l'île inhabitée, en prit possession et parcourut le pays avec ses compagnons. Aussi, dans la relation du voyage, on signale les animaux et les végétaux les plus remarquables qui ont été rencontrés sur cette terre. Il est question du dronte qualifié de *Walgvogel*, oiseau dégoûtant. L'animal, représenté sur une image de façon assez grossière, est décrit en termes naïfs dont on aura l'idée par ce passage emprunté à la traduction française : « c'est ung oiseau, dit le narrateur, par nous nommé *oiseau de nausée*, à l'instar d'une cigne, ont le cul rond, couvert de deux ou trois plumettes crépues, carent des ailes, mais au lieu d'icelles ont ilz trois ou quatre plumettes noires ; des susdicts oiseaux, nous avons prins une certaine quantité… avons cuict cest oiseau ; estoit si coriace que ne le povions asses bovillir, mais l'avons mengé à demy cru. »

En 1601, deux escadres hollandaises, l'une commandée par Harmansz, l'autre par van Heemskerk, partaient ensemble des Indes orientales pour revenir en Europe. Les navires bientôt séparés, ceux de Heemskerk firent relâche à l'île Maurice, et cette fois les équipages se trouvèrent à merveille d'avoir des dodos pour leurs repas. Mieux sans doute que les compagnons de van Neck, ils avaient su les préparer, et peut-être les individus tués étaient-ils plus gras ou moins vieux. On en mangea beaucoup, et l'on en fit des salaisons pour le reste de la traversée. Les autres oiseaux abondaient dans l'île, mais ceux-ci n'étaient pas aussi faciles à atteindre que les gros drontes, privés de tout moyen de fuir et n'ayant d'autre arme défensive que leur énorme bec. Dans les années suivantes, les navigateurs hollandais abordent fréquemment à Maurice, et toujours les drontes, assommés à coups de bâton par les matelots, fournissent une bonne part de l'alimentation des équipages ; on travaillait activement à la destruction du pauvre oiseau, incapable d'échapper aux poursuites. L'Anglais sir Thomas Herbert, visitant l'île en 1627, y rencontra encore le dodo, et François Cauche, un marin français, auteur de la relation d'un voyage à Madagascar, touchant à Maurice en 1638, y vit également le dronte, ou, comme il l'appelle, l'oiseau de Nazare, qui fait son nid à terre avec un amas d'herbes. Vers la même époque, on montrait à Londres un dronte vivant ; par bonheur, des artistes profitèrent de l'occasion pour exécuter d'après nature des portraits du singulier oiseau ; le peintre hollandais Roelandt Savery particulièrement le représenta sous différents aspects. C'est ainsi que nous a été conservée la physionomie générale de l'espèce perdue. L'individu apporté vivant en Angleterre étant mort, on l'empailla, et il finit par prendre place dans le musée fondé à Oxford par Ashmole.

Jusqu'en 1644, l'île Maurice, assez fréquemment, visitée par les navigateurs, était demeurée inhabitée ; mais cette année-là même les Hollandais y fondèrent une colonie. Un tel établissement devait amener l'extinction du dodo ; des chiens, des chats, des porcs, introduits dans le pays, y contribuèrent certainement en dévorant les jeunes et les œufs. Le dernier témoignage de l'existence du dronte date de 1681 ; il est fourni par le journal de bord d'un marin anglais du nom de Harry, montant un navire qui, au retour de l'Inde, passa l'hiver à Maurice ; dans ce document, qui fait partie de la collection des manuscrits du Musée britannique, on cite les dodos, dont la chair est très dure. Ici s'arrête la première partie de l'histoire de l'étrange créature.

En 1693, le naturaliste français Leguat fit pendant plusieurs mois l'exploration de l'île Maurice. Il signale les nombreux animaux qu'il a observés sur cette terre ; il n'a pas vu le dronte, personne ne lui en a parlé. L'oiseau était anéanti, toutes les recherches pour le retrouver furent inutiles ; beaucoup moins d'un siècle avait suffi pour la destruction complète d'une espèce abondante sur un point du globe.

A l'époque où vivait le dronte, les sciences naturelles étaient peu avancées, et l'animal ne fut l'objet d'aucune étude sérieuse. Longtemps après, les zoologistes demeurant frappés de l'intérêt exceptionnel que présentait l'oiseau disparu, tout à fait sans analogue dans la création, eurent la louable tentation de suppléer à l'insuffisance des anciennes descriptions ; mais il restait bien peu de matériaux pour s'éclairer. L'individu empaillé qui figurait au musée d'Oxford avait été sacrifié en 1755. Le vice-chancelier de l'université et les autres commissaires chargés par Ashmole du soin de surveiller les trésors qu'il avait amassés étaient venus dans une heure malheureuse, comme le dit excellemment M. Strickland, faire leur visite annuelle au musée. Le pauvre spécimen, vieux de plus d'un siècle et certainement fort délabré, précieux néanmoins parce qu'il était le dernier des dodos, avait été par ordre des intelligents administrateurs livré aux flammes. Par bonheur encore, on conserva la tête et un pied de l'animal ; l'intérêt scientifique n'entrait pour rien dans cette conservation ; c'était ce qu'on appelle dans le monde un acte de bonne administration.

Quand les zoologistes modernes voulurent apprécier les caractères et les affinités naturelles du dronte, les pièces épargnées se réduisaient à la tête et au pied qui existaient au musée d'Oxford, à un pied dans la collection du Musée britannique à Londres, à une tête à Copenhague oubliée pendant deux cents ans et retrouvée par hasard, à un bec à Prague, dont la trouvaille a été plus tardive.

Ces misérables débris et les images dont il a été question, examinés et comparés à divers points de vue, ouvrirent le champ aux discussions. Un seul fait était évident pour tous les yeux, le caractère très particulier, très anormal du dronte. Des naturalistes, comme il arrive ordinairement, frappés d'abord de particularités d'ordre secondaire, signes d'une adaptation à un genre de vie spécial, tenaient compte par-dessus tout de l'état rudimentaire des ailes chez l'oiseau de l'île Maurice. Une condition semblable des organes du vol existant chez les autruches et les casoars, vint l'idée d'un rapport plus ou moins étroit entre le dronte et ces oiseaux. En s'arrêtant à une considération de même nature, on fit un rapprochement tout aussi peu justifié avec les pingouins et les manchots. Le professeur de Blainville, se préoccupant plus que de toute autre chose de la forme du bec, vit dans le dodo un représentant du groupe des vautours. Un rapace incapable de voler, inhabile à poursuivre une proie, nous semblerait pourtant un être bien extraordinaire ; il faudrait supposer dans ce cas que des limaces, des insectes, des vers, étaient la nourriture habituelle de l'animal, la ressource des cadavres ne pouvant guère exister dans un pays dépourvu de mammifères, comme le sont les îles Mascareignes. On a supposé que le dronte avait des affinités avec les gallinacés, c'est-à-dire les coqs, les pintades, les dindons, avec certains échassiers, qu'il représentait un type intermédiaire entre diverses familles de la classe des oiseaux ; on a tout supposé enfin, sans atteindre la vérité, tant que l'étude n'a pas été suffisante. M. Reinhardt, ayant examiné avec soin le crâne de dronte conservé au musée de Copenhague, crut apercevoir des caractères indiquant une relation zoologique entre l'oiseau de Maurice et les pigeons. Quelques années plus tard, la question fit un grand pas ; M. Strickland, tirant le meilleur parti de tous les matériaux qu'il était possible de se procurer, mit au jour en 1848 un important travail sur le dronte. Les pièces dont nous avons indiqué la présence au musée d'Oxford, une tête et un pied, avaient été dépouillées des téguments, de façon à permettre l'étude des parties osseuses ; un singulier pigeon, le *Didunculus*, ayant un gros bec recourbé, des ailes peu développées, des pieds bien conformés pour la marche, avait été découvert aux îles Samoa par un savant américain. Ce pigeon, rappelant un peu les traits et les allures du dronte malgré sa petite taille, fournissait un nouveau terme de comparaison des plus précieux. M. Strickland a réussi de la sorte à démontrer que le dodo se rapprochait d'une manière remarquable des oiseaux de la famille des colombides, c'est-à-dire des pigeons. Après les recherches de l'habile naturaliste, il ne restait plus aucune lumière à attendre relativement au fameux oiseau que les matelots hollandais avaient autrefois pourchassé, à moins d'une trouvaille importante. Cette trouvaille a été faite assez récemment à l'île Maurice. En drainant un petit marais, qu'on appelle poétiquement la *Mare aux songes*, M. George Clark découvrit une quantité d'os de dronte. Ces débris, envoyés en Angleterre et aussitôt répandus en France, ne tardèrent pas à être l'objet d'études attentives ; ils permettaient de reconstituer le squelette presque en entier, et dans l'état actuel de la science on avait tous les moyens de comparaison imaginables. Plusieurs zoologistes voulurent profiter de ces avantages. M. Alphonse Milne Edwards, très familiarisé avec les caractères ostéologiques des oiseaux, mit à cette recherche la plus grande activité, et nous pensons qu'il est parvenu à déterminer exactement les affinités naturelles du singulier oiseau. Tout en reconnaissant avec M. Strickland les rapports assez intimes qui unissent le dronte et les pigeons, M. A. Milne Edwards estime que l'oiseau de l'île Maurice est vraiment le type d'une famille particulière. Ainsi des lambeaux de l'histoire de l'être étrange totalement anéanti ont été rapprochés successivement, mais l'histoire entière de l'espèce demeure impossible à retrouver.

Jusqu'au XVIIe siècle, les îles Mascareignes étaient peuplées de beaucoup d'autres oiseaux dont le souvenir nous a été transmis par la relation toute superficielle de quelques voyageurs. Ces oiseaux, les uns absolument inhabiles au vol, les autres médiocrement favorisés sous le rapport de la puissance des organes de locomotion, mais n'ayant rien à redouter en l'absence des hommes, vivaient tranquilles à Rodriguez, à Bourbon, à Maurice, terres inhabitées. Ils ont été détruits par les envahisseurs dans un très court espace de temps, et aujourd'hui des os encore recueillis en petit nombre sont les seuls vestiges qui désignent les lieux dont les espèces éteintes partageaient la possession avec d'autres êtres inoffensifs. Les voyageurs d'autrefois ont parlé du solitaire de Rodriguez, de la poule rouge au bec de bécasse, du géant, de l'oiseau bleu de Bourbon, de gelinottes, de poules d'eau énormes ; la destruction de ces animaux a été complète.

François Leguat, fuyant la France avec un parti protestant, était venu en 1691 à l'île de Rodriguez, jusque-là inexplorée, où il fit un séjour de deux années. Le récit des *Voyages et aventures* de notre compatriote a été publié ; nous y trouverons la description du bel oiseau qu'on a nommé le solitaire (*Pezophaps solitarius*). De tous les oiseaux de l'île Rodriguez, rapporte Leguat, c'est l'espèce la plus remarquable. Les mâles ont un plumage varié de gris et de brun, les pieds du coq d'Inde, le bec conformé comme chez ce dernier, mais un peu plus crochu. Ils n'ont presque point de queue, et leur derrière, couvert de plumes, est arrondi. Plus haut montés que les coqs d'Inde, ils ont le cou droit et assez long. L'œil est noir et vif, et la tête sans crête ni houppe. La femelle, dit notre voyageur, est d'une beauté admirable ; il y en a de blondes et de brunes, ornées sur le front d'une marque semblable à un bandeau de veuve, et sur le jabot d'un plumage plus blanc que le reste. Elles marchent avec tant de fierté et de bonne grâce tout ensemble, qu'on ne peut s'empêcher de les admirer et de les aimer, de sorte que souvent leur bonne mine leur a sauvé la vie. Sur tout leur corps, une plume ne passe pas l'autre, tant elles prennent soin de les ajuster et de les polir avec le bec. Les solitaires ne volent point ; ils ne se servent de leurs ailes, trop petites pour soutenir le poids du corps, que pour se battre ou faire le moulinet quand ils s'appellent l'un l'autre. On a bien de la peine à les prendre dans les bois, ajoute Leguat ; mais on court plus vite qu'eux, et dans les lieux dégagés il n'est pas difficile d'en prendre. Depuis le mois de mars jusqu'au mois de septembre, ils sont extraordinairement gras, et le goût en est excellent, surtout quand ils sont jeunes. On trouve des mâles qui pèsent jusqu'à 45 livres. Ces oiseaux, voulant construire un nid, font choix d'une place nette, réunissent quelques feuilles de palmier, et élèvent la construction à un pied et demi au-dessus du sol ; ils ne pondent qu'un œuf à la fois, et le mâle et la femelle couvent alternativement pendant sept semaines, la durée nécessaire pour l'éclosion du jeune, qui pendant plusieurs mois ensuite réclamera l'assistance de ses parents. — Les beaux oiseaux de Rodriguez, appelés les solitaires parce qu'ils vont rarement en troupes, étaient abondants dans l'île, lorsqu'ils faisaient l'admiration d'un naturaliste français à la fin du XVIIe siècle. En peu d'années, ils ont été tous détruits, et des os encroûtés de stalagmite permettaient seuls de s'assurer que l'espèce décrite par Leguat était d'un genre inconnu ailleurs, lorsqu'un investigateur anglais, M. Newton, entreprit de fouiller les cavernes et les terrains meubles de la petite île de Rodriguez. Plus de deux mille pièces, derniers vestiges de l'oiseau disparu, furent recueillies. L'étude de ces misérables restes a été faite avec le plus grand soin, et nous savons maintenant que le solitaire représentait un type particulier, offrant des affinités étroites avec le dronte et les pigeons. Un curieux détail est venu donner pleine confiance dans les observations de Leguat. Notre voyageur avait dit, en parlant des mâles de l'oiseau de Rodriguez : « L'os de l'aileron grossit à l'extrémité et forme sous la plume une petite masse ronde comme une balle de mousquet ; cela est, avec le bec, la principale défense de l'oiseau. » La petite masse ronde a été trouvée sous la forme d'une saillie osseuse sur la partie du membre qu'on appelle le métacarpe. A l'île Bourbon, comme à Maurice et à Rodriguez, les premiers explorateurs rencontrèrent beaucoup d'oiseaux lourds et incapables de fuir. Une espèce voisine du dronte de Maurice, signalée par Dubois, ainsi que par le Hollandais Bontekoe et l'Anglais Castleton, était toute blanche comme un jeune mouton. Le portrait de cet oiseau a été trouvé récemment sur une vieille peinture ; c'est un vrai dodo blanc, avec une teinte jaune sur les ailes. Un solitaire observé par le voyageur Carré en 1668, vraisemblablement très distinct de l'espèce de Rodriguez, était magnifique ; « la beauté de son plumage, dit la relation, fait plaisir à voir, c'est une couleur changeante qui tire sur le jaune. » Un gros *oiseau bleu* avec le bec et les pieds rouges était, suivant toute probabilité, du groupe des superbes poules sultanes, que les zoologistes nomment les porphyrions et les notornis. Tous ces oiseaux ont entièrement disparu.

Plusieurs espèces, maintenant anéanties, habitaient spécialement l'île Maurice, comme le dronte, il y a moins d'un siècle et demi. François Cauche, ainsi qu'un missionnaire protestant du nom de Hoffmann, a signalé des « poules rouges au bec de bécasse » qu'on prenait à la main en leur présentant un morceau d'étoffe rouge. Déterminer l'espèce d'après une indication aussi vague eût été difficile, mais une bonne fortune s'est offerte récemment. Des peintures sur vélin ont été découvertes dans la bibliothèque particulière fondée par l'empereur d'Autriche François Ier ; l'une représente le dronte, une autre la poule au bec de bécasse. M. de Frauenfeld a publié ces images, et, très frappé des caractères extraordinaires de la poule rouge qui est privée d'ailes, il a fait de cet oiseau le genre *Aphanapteryx (Aphanapteryx imperialis)*, sans parvenir toutefois à déterminer les rapports naturels de l'animal. Plus heureux, M. Alphonse Milne Edwards avait eu des os tirés de la fameuse *Mare aux songes*, et il a parfaitement reconnu dans l'aphanapteryx un type de la famille des ralles. C'est à cette famille et particulièrement au groupe des ocydromes, surtout représenté en Australie, que le même zoologiste a pu rattacher, d'après l'inspection d'un débris, les grasses gelinottes vêtues d'un plumage gris clair, dont Leguat avait fait ses délices pendant son séjour à Rodriguez. Leguat, notre historien exact des îles Mascareignes au temps passé, a tracé encore la description d'un oiseau bien remarquable qui habitait les marais de l'île Maurice. « On voit beaucoup de certains oiseaux, dit ce voyageur, qu'on appelle *géants*, parce que leur tête s'élève à la hauteur de six pieds. Ils sont extrêmement haut montez et ont le corps fort long. Le corps n'est pas plus gros que celui d'une oie. Ils sont tout blancs, excepté un endroit sous l'aile qui est un peu rouge. Ils ont un bec d'oie, mais un peu plus pointu, et les doigts des pieds sont un peu séparés et fort longs. Ils paissent dans les lieux marécageux, et les chiens les surprennent souvent, à cause qu'il leur faut beaucoup de temps pour s'élever de terre. Nous en vîmes un jour un à Rodrigue, et nous le prîmes à la main, tant il était gros ; c'est le seul que nous y avons remarqué, ce qui me fait croire qu'il y avait été poussé par le vent, à la force duquel il n'avait pu résister. Ce gibier est assez bon. » On avait bien cherché, sans réussir, à deviner ce que pouvait être le *géant*, l'habile naturaliste hollandais Schlegel a prouvé enfin que l'espèce était une sorte de poule d'eau d'un genre tout particulier, et en la nommant (*Leguatia gigantea*) il a voulu perpétuer le souvenir du fugitif protestant dont le malheur est devenu pour la science un bienfait.

Ce n'est pas tout encore : les ossements d'un foulque beaucoup plus gros que celui d'Europe ont été retrouvés à Maurice, ainsi qu'un débris provenant d'un perroquet contemporain du dronte, de la taille des aras et des cacatoès ; un fragment d'un autre perroquet, maintenant détruit, a été rencontré à Rodriguez.[1] On est saisi d'étonnement

---

1 Le foulque et le perroquet de Rodriguez ont été décrits par M. Alph. Milne Edwards, le perroquet de Maurice par M. Richard Owen.

Émile Blanchard

en pensant à ce qu'était autrefois la richesse de la nature dans les îles Mascareignes ; des oiseaux magnifiques ou extraordinaires étaient la parure de ces terres comme égarées dans l'Océan, et au milieu d'un monde de créatures plus faibles ils semblaient être les souverains.

Il y a une trentaine d'années, une découverte des plus inattendues produisit une véritable sensation dans le monde scientifique : des ossements d'oiseaux de proportions gigantesques venaient d'être recueillis dans des rivières de la Nouvelle-Zélande. Il n'en fallait pas davantage pour inspirer à des hommes instruits qui parcouraient le pays des Maoris le désir de pousser les recherches avec activité. On fouilla les cours d'eau, les marais, les cavernes, et bientôt les ossements trouvés furent en quantité considérable. On avait le squelette entier d'un oiseau dont la taille approchait de celle de la girafe et celui de plusieurs autres espèces du même groupe offrant des dimensions inférieures. Ces pièces remarquables, parvenues entre les mains de l'éminent naturaliste de l'Angleterre, M. Richard Owen, ont été l'objet d'une suite d'études approfondies. Les oiseaux de là Nouvelle-Zélande, éteints depuis une époque sans doute très voisine de la nôtre, et que nous ne connaissons cependant que par des débris, ont été appelés les *Dinornis* ; l'espèce de la plus grande taille a reçu le nom de dinornis gigantesque (*Dinornis giganteus.*) Les explorateurs anglais rencontrant les os de dinornis dans le lit ou sur les berges des rivières, souvent mêlés avec les os d'animaux qui vivent actuellement dans le pays, ou avec ceux de l'homme lui-même, quelquefois dans des cavités pleines de cendre et de charbon de bois où s'étaient préparés des repas, avaient la conviction que ces restes provenaient d'individus dont la destruction n'était pas ancienne. L'espoir de trouver encore des individus vivants soit. sur les montagnes, soit dans les bois, venait à chacun, et l'engageait à battre la campagne ; mais toutes les recherches jusqu'à présent sont demeurées sans succès. Les naturels de la Nouvelle-Zélande, mille fois interrogés au sujet de l'origine de ces os d'un volume énorme que l'on trouve en abondance dans une foule de localités, répondaient généralement que ces débris étaient ceux d'une espèce d'oiseau connue chez eux sous le nom de *moa*. Les Maoris affirmaient souvent que les *moas* existaient encore dans certaines parties des montagnes ; plusieurs prétendaient en avoir vus, manière peut-être de se vanter, car aucun fait précis n'a donné lieu de prendre cette parole pour l'expression de la vérité. Une vague tradition néanmoins paraît s'être maintenue parmi les habitants de la Nouvelle-Zélande à l'égard des grands oiseaux disparus.

Les dinornis avaient de très grands rapports avec les autruches et plus encore avec les casoars ; en un mot, ils appartenaient, pour la plupart au moins, à cette famille d'oiseaux coureurs que l'on appelle les struthionides. La comparaison des os, rigoureusement faite par M. Richard Owen, ne laisse à cet égard aucune incertitude. La Nouvelle-Zélande était peuplée autrefois de nombreuses espèces de dinornis parfaitement distinctes les unes des autres, et de proportions fort diverses. Le dinornis gigantesque que nous avons cité pouvait atteindre la hauteur de trois mètres et demi ; d'autres espèces avaient la taille de l'autruche ou une taille inférieure, d'autres avaient des formes beaucoup plus massives et une démarche lente, ainsi que l'annoncent chez le dinornis aux pieds d'éléphant (*Emeus elephantopus*) les os des membres, courts, trapus, énormes. Chaque espèce habitait une région très restreinte ; les dinornis de l'île du Nord et de l'île du Milieu n'étaient pas les mêmes, et plusieurs d'entre eux semblent avoir vécu sur un espace fort limité. Ces animaux, incapables de voler ou de nager, avaient des habitudes très sédentaires. S'il est démontré que les grands oiseaux de la Nouvelle-Zélande devaient, pour la plupart, offrir de grandes ressemblances avec les casoars, le fait est moins certain pour quelques espèces (les *Palapteryx* d'Owen).

Nous avons des observations, des descriptions, même des figures des oiseaux des îles Mascareignes, dues à des voyageurs plus ou moins instruits ; descriptions vagues, figures souvent bien imparfaites il est vrai, mais cependant devenues précieuses. Elles nous donnent au moins une idée générale de l'aspect, de la démarche, des couleurs, des habitudes des animaux perdus. Nous n'avons rien de pareil sur les oiseaux des îles australes ; des os épars seulement ont permis de reconstruire des squelettes et de porter la comparaison sur les espèces les plus voisines qui existent en d'autres pays. Si l'animal perdu s'éloignait peu par ses formes d'une espèce vivante bien connue, les rapports sont faciles à constater par cette unique comparaison, les différences apparaissent sans peine aux yeux du naturaliste exercé, une notion presque exacte de l'être disparu est acquise, une sorte de vie nouvelle semble donnée à la créature dont on a vu de simples débris. Au contraire, si l'animal qu'il s'agit de reconstituer avait des caractères très particuliers ou dans son ensemble des proportions inconnues ailleurs, il devient impossible de parvenir à un résultat satisfaisant ; on cherche à voir par la pensée l'être animé, mais la réflexion indique que l'image ne saurait être fidèle. Il en est ainsi vraisemblablement pour quelques-uns des oiseaux éteints de la Nouvelle-Zélande.

Émile Blanchard

On s'est demandé s'il fallait prendre au sérieux l'espoir de rencontrer quelques dinornis vivants ; à cet égard, l'affirmative et la négative ont été également soutenues par des zoologistes et surtout par des explorateurs de la Nouvelle-Zélande, pouvant mieux que personne justifier leur sentiment. Le docteur Thomson, qui a fait une étude spéciale des gisements et des cavernes d'où l'on a tiré une infinité de débris des grands oiseaux, est persuadé que les fameux *moas* des Maoris sont éteints depuis au moins deux siècles, et qu'on les cherchera inutilement ; les preuves qu'il apporte à l'appui de cette opinion sont assez graves pour inspirer la crainte que sa prophétie se réalise. On reporte généralement la prise de possession des îles néozélandaises par les Maoris au XVe siècle, et dans des contrées où manquent les mammifères, les premiers habitants ont dû poursuivre d'une manière incessante les grands oiseaux, qui offraient d'immenses ressources alimentaires. Comment au milieu de telles circonstances la destruction des dinornis n'aurait-elle pas été rapide et bientôt complète ? Tasman, qui découvrit la Nouvelle-Zélande en 1642, n'eut aucune révélation au sujet des *moas*, seulement, comme il entretint peu de rapports avec les naturels, ce fait reste sans valeur ; mais le silence gardé devant les autres navigateurs est plus significatif. Cook, par trois fois, a exploré le pays, il s'est mis en communication avec les habitants, il a eu des entretiens avec le grand chef Rauparaha, et de la sorte il a connu les traditions populaires ; jamais il n'a été question d'oiseaux gigantesques. Dumont-d'Urville, homme sagace, cherchant à pénétrer dans la vie des peuples qu'il visitait, a étudié les mœurs, les coutumes des Maoris ; il a porté son attention sur les plantes et les animaux de la Nouvelle-Zélande, et rien ne lui a fait soupçonner l'existence des dinornis. Suivant le docteur Thomson, les traditions des indigènes à ce sujet sont absolument vagues, et témoignent tout juste que des *moas* vivaient en même temps que les hommes de la race qui habite aujourd'hui le pays. Nul Maori de l'époque actuelle n'aurait vu un *moa* courant les bois ou la campagne. L'état parfait de conservation dans lequel ont été trouvés certains débris doit, d'après l'avis du même auteur, être attribué uniquement aux propriétés du sol où ces restes étaient enfouis.

Maintenant ceux qui n'abandonnent pas l'espérance de voir un jour quelques dinornis vivants se fondent sur plusieurs indices qu'il ne faut peut-être pas entièrement négliger. Les Maoris, assure le R. Taylor, ont des traditions sur les chasses au *moa* de leurs ancêtres et des chansons qui célèbrent les exploits des chasseurs. Des voyageurs affirment avoir reçu des naturels la déclaration positive de la présence d'oiseaux gigantesques dans les montagnes ; d'autres prétendent avoir aperçu des *moas*, mais, ayant pris peur à la vue de ces étranges animaux, ils se sont sauvés ; d'autres enfin croient avoir observé sur la terre des empreintes qui dénotaient le passage d'un très grand oiseau. Il est impossible d'accorder beaucoup de confiance à de semblables récits ; on est frappé davantage par les remarques sur la condition de certains débris. Le 16 juin 1864, la Société linnéenne de Londres entendait la lecture d'un curieux mémoire de M. Allis sur la découverte d'un squelette presque complet de dinornis. Ce squelette, trouvé sous un monceau de sable par des chercheurs d'or, près de Dunnedin, dans la province d'Otago, était dans un état de conservation surprenant. Des cartilages, des tendons et des ligaments adhéraient encore aux os ; une portion de la peau n'était pas détruite, et portait des tuyaux de plumes bifides comme chez les émeus (une espèce du groupe des casoars) ; les barbes de quelques plumes avaient persisté. Un zoologiste fort expert estima que l'animal n'était pas mort, bien probablement, depuis plus de dix à douze ans. Une dernière considération relative à l'existence possible dans le temps actuel de quelque dinornis nous est fournie par un officier de marine des plus distingués, le commandant Jouan, qui a fait une foule d'observations intéressantes pendant ses longs voyages. Il y a dans l'île du Milieu, nous dit le savant navigateur, des solitudes où les Maoris et à plus forte raison les Européens n'ont jamais pénétré, et l'intérieur de l'île du Nord est peu connu en dehors des vallées, dont le fond est occupé par des cours d'eau qui permettent de voyager en canot ou tout au moins en pirogue. De grands oiseaux pourraient donc avoir encore des retraites sûres. Si l'extinction des dinornis n'est pas absolue, elle paraît néanmoins certaine pour la plupart des espèces du groupe.

D'autres oiseaux de la Nouvelle-Zélande, ayant une taille médiocre, semblent à leur tour menacés d'une destruction tourte dans un avenir prochain. Les aptéryx au plumage brun, au long bec courbé, aux pattes robustes, sont fort maltraités depuis la colonisation. Ces oiseaux marcheurs ayant des vestiges d'ailes plus réduits que chez les autruches et les casoars, incapables de se dérober par une fuite rapide, vivent à terre et se cachent simplement dans des trous. Des chiens dressés pour leur faire la chasse les atteignent aisément, et déjà les pauvres aptéryx ont à peu près disparu du pays habité ; la destruction s'achèvera avec les progrès de la colonisation. Un étrange perroquet de la grosseur d'une poule, le *strigops*, particulier à la Nouvelle-Zélande, autrefois assez commun, aujourd'hui extrêmement rare, est également destiné à périr. Le strigops, vrai perroquet par tous les caractères, hibou ou chouette par les mœurs, les attitudes et le plumage terne, est l'unique espèce nocturne de la famille des perroquets, et à cause de cette circonstance il offre un immense intérêt zoologique. L'oiseau, d'un vert clair bariolé de lignes noires, vole peu ; il court à terre et se met à l'abri dans des trous ; objet d'une guerre continuelle de la part des hommes et des chiens, il n'existe plus que dans les solitudes jusqu'à présent inaccessibles. Chaque jour, à la Nouvelle-Zélande, la rareté des oiseaux indigènes se prononçant davantage, il est venu à l'idée de plusieurs personnes que la disparition rapide des espèces les plus remarquables pouvait être attribuée à un abaissement de température. Ces personnes n'ont pas remarqué que les aptéryx et les strigops se trouvent fort bien de l'état actuel du pays partout où ils ne sont pas inquiétés.

Parmi les créatures dont la disparition récente est très probable sans être absolument certaine, on compte un oiseau de Madagascar dont le volume dépassait celui du dinornis gigantesque. La première découverte importante de restes provenant de l'espèce perdue est encore presque nouvelle. Elle fut annoncée, le 27 janvier 1851, à l'Académie des Sciences, par M. Isidore Geoffroy Saint-Hilaire. Des œufs énormes apportés en France par M. Al. Abadie, capitaine de la marine marchande, étaient pour tout le monde, savans et ignorons, un sujet de stupéfaction. Ces œufs, six fois plus gros que ceux de l'autruche, équivalaient à cent quarante-huit œufs de poule, et offraient une capacité de plus de huit litres. Jamais rien de plus étonnant n'avait été rencontré. D'après quelques rares fragments d'os trouvés dans le même gisement, M. Isidore Geoffroy Saint-Hilaire reconnut les vestiges de l'oiseau auquel les œufs devaient être attribués, et il désigna l'animal sous le nom d'*Æpyornis maximus*. L'île de Madagascar, qui présente une superficie si considérable, n'ayant pas été explorée dans toutes ses parties, on crut volontiers que l'æpyornis errait encore à l'heure présente dans ses vastes solitudes, car à Madagascar, comme à la Nouvelle-Zélande, les naturels parlent d'oiseaux gigantesques existant dans les bois et les montagnes. Après les dernières explorations de la grande île africaine, cela paraît une improbabilité. Un naturaliste jeune et intelligent, M. Grandidier, avait fait, il y a peu d'années, un voyage à Madagascar ; ayant beaucoup appris, il a voulu retourner sur cette terre qui lui promettait de nouvelles découvertes. Tout récemment dans une fouille pratiquée au milieu d'un terrain marécageux d'Amboulisate, sur la côte occidentale de l'île ; M. Grandidier a eu la bonne fortune de recueillir des ossements qui ont appartenu, paraît-il, à l'oiseau dont les œufs sont incomparables. Ces pièces se réduisent, il est vrai, à deux vertèbres, un os de la cuisse, un os de la jambe ; elles ont suffi à M. Alphonse Milne Edwards pour démontrer la parenté de l'æpyornis avec les autruches, les casoars et les dinornis, et pour établir la preuve que l'oiseau de Madagascar, avec un corps plus massif et des membres plus robustes que chez tous les dinornis, n'avait pas cependant la taille aussi élevée que les plus grandes espèces de la Nouvelle-Zélande. Des débris d'aepyornis de proportions inférieures trouvés en petit nombre nous révèlent en outre l'existence, à une époque sans doute peu ancienne, de plusieurs espèces appartenant au même type et habitant les mêmes lieux.

Tout le monde en France et dans les autres parties de l'Europe s'aperçoit de la diminution rapide des oiseaux. Les plus grandes espèces seront peut-être entièrement détruites avant un siècle. L'outarde, qu'on trouvait assez communément dans les plaines du Poitou et dans la Champagne au temps de Buffon, est aujourd'hui d'une excessive rareté. Le tétras, plus connu sous le nom de grand coq de bruyère, autrefois abondant au milieu de nos forêts, ne se trouve plus que dans quelques localités. De si beau gibier offre une trop forte tentation aux chasseurs.

Dans les siècles passés, les grands pingouins (*Alca impennis*), habiles à nager, incapables de voler, fourmillaient sur les rivages des régions arctiques ; ils ont été détruits, anéantis. A une époque assez reculée, ils étaient communs sur toutes les côtes de la Scandinavie, comme aux îles Orcades, aux îles Féroë, sur le banc de Terre-Neuve ; dans un temps plus rapproché du nôtre, on les voyait encore communément en Laponie et au Groenland ; dans les premières années du siècle actuel, ils n'existaient plus que sur les îles boréales peu fréquentées. Depuis trente ou quarante ans, on n'en a plus rencontré un seul nulle part. Le grand pingouin empaillé figure dans quelques galeries d'histoire naturelle ; c'est maintenant un objet d'une valeur inestimable. Oiseau de la grosseur d'une oie, ayant les parties supérieures du corps d'un noir de velours, la gorge nuancée de brun et les parties inférieures blanches, le pingouin présente des caractères zoologiques d'un intérêt particulier ; il est un intermédiaire entre le petit pingouin, apte à voler, qui visite nos côtes pendant l'hiver, et les manchots des terres australes. Les grands pingouins fournissaient autrefois une bonne part de l'alimentation des peuples du nord ; M. Steenstrup a trouvé des milliers d'os de ces oiseaux rongés, déchiquetés, tailladés, parmi les fameux débris de cuisine, les *kjokenmoeddings* du Danemark et de la Norvège, qu'on a tant fouillés au grand profit des connaissances historiques. En plusieurs endroits, les pingouins constituaient la nourriture principale des anciens Scandinaves ; plus tard, ces oiseaux et leurs œufs, ramassés par milliers dans les anfractuosités des rochers, étaient la ressource des hommes de mer, et de toute cette richesse il ne reste plus rien, absolument rien. Les oiseaux, on le voit, ont déjà perdu bien des membres de leur famille.

La destruction des grands animaux, accomplie par les hommes dans l'espace de quelques siècles, fait présager un immense appauvrissement de la nature dans un avenir plus ou moins lointain. L'extinction d'une foule d'espèces s'est opérée avec une rapidité désespérante aux îles Mascareignes ; elle se produit sur beaucoup d'autres points du globe. Chose étrange, partout où pénètre la civilisation européenne, la dévastation commence et s'achève plus ou moins vite. Les peuples les plus industrieux sont les plus grands ravageurs. Encore quelques milliers d'années, et la terre entière présentera un aspect uniforme et misérable.

Les faits que nous venons de rappeler touchant les êtres anéantis par les hommes conduisent l'esprit à la méditation sur l'état primitif du monde actuel. Sur les îles Mascareignes, à la Nouvelle-Zélande, une faune spéciale, toute différente de celle des terres les moins éloignées, donne la preuve que ces îles sont restées dans l'isolement depuis l'apparition des animaux qui les peuplent ou qui les peuplaient récemment. La présence d'oiseaux incapables de fuir et de se défendre d'une manière efficace dans des contrées où les ennemis dangereux ne sont point à craindre est l'indice d'une appropriation constante des organismes à une situation déterminée pour quiconque ne croit pas aux transformations indéfinies qui ne s'aperçoivent qu'en imagination. Enfin, en voyant les animaux privés de puissants moyens de locomotion cantonnés sur des espaces resserrés, on est conduit à penser que chaque espèce n'a vécu d'abord que sur un très petit point du globe, et que la plus ou moins grande dissémination des individus résulte principalement de l'étendue des facultés locomotrices.

ISBN : 978-1547072163